BEI GRIN MACHT SICH IHR WISSEN BEZAHLT

- Wir veröffentlichen Ihre Hausarbeit, Bachelor- und Masterarbeit

- Ihr eigenes eBook und Buch - weltweit in allen wichtigen Shops

- Verdienen Sie an jedem Verkauf

Jetzt bei www.GRIN.com hochladen und kostenlos publizieren

David Rose

Unterrichtseinheit 'Thermisches Verhalten von Körpern'

GRIN Verlag

Bibliografische Information der Deutschen Nationalbibliothek:

Die Deutsche Bibliothek verzeichnet diese Publikation in der Deutschen Nationalbibliografie; detaillierte bibliografische Daten sind im Internet über http://dnb.d-nb.de/ abrufbar.

Dieses Werk sowie alle darin enthaltenen einzelnen Beiträge und Abbildungen sind urheberrechtlich geschützt. Jede Verwertung, die nicht ausdrücklich vom Urheberrechtsschutz zugelassen ist, bedarf der vorherigen Zustimmung des Verlages. Das gilt insbesondere für Vervielfältigungen, Bearbeitungen, Übersetzungen, Mikroverfilmungen, Auswertungen durch Datenbanken und für die Einspeicherung und Verarbeitung in elektronische Systeme. Alle Rechte, auch die des auszugsweisen Nachdrucks, der fotomechanischen Wiedergabe (einschließlich Mikrokopie) sowie der Auswertung durch Datenbanken oder ähnliche Einrichtungen, vorbehalten.

Impressum:

Copyright © 2011 GRIN Verlag GmbH
Druck und Bindung: Books on Demand GmbH, Norderstedt Germany
ISBN: 978-3-656-10588-6

Dieses Buch bei GRIN:

http://www.grin.com/de/e-book/184925/unterrichtseinheit-thermisches-verhalten-von-koerpern

GRIN - Your knowledge has value

Der GRIN Verlag publiziert seit 1998 wissenschaftliche Arbeiten von Studenten, Hochschullehrern und anderen Akademikern als eBook und gedrucktes Buch. Die Verlagswebsite www.grin.com ist die ideale Plattform zur Veröffentlichung von Hausarbeiten, Abschlussarbeiten, wissenschaftlichen Aufsätzen, Dissertationen und Fachbüchern.

Besuchen Sie uns im Internet:

http://www.grin.com/

http://www.facebook.com/grincom

http://www.twitter.com/grin_com

Kompetenzorientierter Unterrichtsentwurf
für das Fach
Physik
im Rahmen der Zweiten Staatsprüfung
für das Lehramt
mit fachwissenschaftlicher Ausbildung in zwei Fächern

<u>Aufgabe</u>

Zeigen Sie eine Stunde aus der Unterrichtseinheit 'Thermisches Verhalten von Körpern'

Lehreranwärter:	David Rose	**Klasse (Physik):**	7.23
Fächer:	Physik / Mathematik	**Anzahl der Schüler:**	19 (10 Jungen, 9 Mädchen)
Schule:	Kopernikus Oberschule Lepsiusstraße 24-28 12163 Berlin	**Zeit:**	08:50 Uhr – 09:35 Uhr
		Gebäude:	NB (Neubau)
Schultyp:	Integrierte Sekundarschule mit gymnasialer Oberstufe [06K03]	**Raum:**	NB 103 (1. OG, rechts)

Unterschrift Lehreranwärter (David Rose)

Datum: 20.12.2011

Prüfungsausschuss:

Inhaltsverzeichnis

1.	Thema der Unterrichtseinheit und Einordnung der Unterrichtsstunde.............	Seite 3
2.	Kompetenzen und Standards..........	Seite 6
3.	Lernvoraussetzungen..........	Seite 7
4.	Kompetenzraster..........	Seite 8
4.1.	Lernstandsanalyse..........	Seite 9
4.2.	Individuelle Einschätzung des Leistungsniveaus..........	Seite 9
4.3.	Prognostizierte individuelle Kompetenzentwicklung an drei ausgewählten Beispielen..........	Seite 10
5.	Fachlich-inhaltlicher Schwerpunkt (didaktische Reduktion)..........	Seite 11
6.	Analyse der Aufgabe..........	Seite 12
7.	Didaktisch-methodische Entscheidungen..........	Seite 14
8.	Verlaufsplanung..........	Seite 16
9.	Literatur..........	Seite 18

1. Thema der Unterrichtseinheit und Einordnung der Unterrichtsstunde

Die Unterrichtseinheit findet im Rahmen des Physikunterrichts der 7. Klassenstufe (7.23 - Klassenbezeichnung) innerhalb des Themenfeldes „Vom inneren Aufbau der Materie" (P2 7/8 des RLPs)[1] statt. Die Unterrichtseinheit bezieht sich auf das „Thermische Verhalten von Körpern". Der Schwerpunkt der Stunde liegt bei der „Volumenveränderung von Gasen (am Beispiel: Luft)".

Gliederung der Unterrichtseinheit:

Datum	Std.	Thema der Unterrichtsstunde	Prozessbezogene physikalische Kompetenzbereiche	Inhaltsbezogene physikalische Kompetenzbereiche
10.11.11	1.	Aggregatzustände und Teilchenmodell (*Kenntnisse aus der Grundschule - NaWi*)	Informationen sach- und fachbezogen erschließen und austauschen (**Kommunikation**), naturwissenschaftliche Sachverhalte in verschiedenen Kontexten erkennen und bewerten (**Bewertung**)	Wenden das Teilchenmodell hinsichtlich der Anordnung und Eigenbeweglichkeit auf Aggregat- und Wärmezustand eines Körpers an. (RLP Seite 26)
16.11.11	2.	Thermisches Verhalten von Körpern (Temperatur)	Mit naturwissenschaftlichen Kenntnissen umgehen (**Fachwissen**)	Deuten Alltagserfahrungen und physikalische Größen. (RLP Seite 14)
17.11.11	3.	Thermometer und Messbereiche (Temperaturskala)	naturwissenschaftliche Sachverhalte in verschiedenen Kontexten erkennen und bewerten (**Bewertung**)	Deuten Alltagserfahrungen und physikalische Größen. (RLP Seite 14)
23.11.11	4.	Volumenveränderungen Festkörper (Kugel – Ring – Versuch)	Mit naturwissenschaftlichen Methoden Erkenntnisse gewinnen (**Erkenntnisgewinnung**),	Deuten Alltagserfahrungen und physikalische Größen mit der Teilchenvorstellung und schätzen physikalische Phänomene richtig ein. (RLP Seite 14)
24.11.11	5.	Volumenveränderung Festkörper (Versuch zu Bimetallen)	Mit naturwissenschaftlichen Methoden Erkenntnisse gewinnen (**Erkenntnisgewinnung**), mit naturwissenschaftlichen Kenntnissen	Führen beobachtbare Phänomene im Alltag auf die Längen- bzw. Volumenänderung verschiedener Körper bei Temperaturänderung zurück. (RLP Seite 26)

---

[1] Rahmenlehrplan Physik: Seite 26

30.11.11	6.	Volumenveränderung Festkörper (Anwendung: Bimetalle in Wasserkochern, Toastern, Bügeleisen, Thermostatventilen)	Mit naturwissenschaftlichen Methoden Erkenntnisse gewinnen (**Erkenntnisgewinnung**), mit naturwissenschaftlichen Kenntnissen umgehen (**Fachwissen**)	Führen beobachtbare Phänomene im Alltag auf die Längen- bzw. Volumenänderung verschiedener Körper bei Temperaturänderung zurück. (RLP Seite 26)
01.12.11	7.	Volumenveränderung von Flüssigkeiten (Versuch zur Ausdehnung von drei Flüssigkeiten)	Mit naturwissenschaftlichen Methoden Erkenntnisse gewinnen (**Erkenntnisgewinnung**), mit	Deuten Alltagserfahrungen und physikalische Größen mit der Teilchenvorstellung und schätzen physikalische Phänomene richtig ein. (RLP Seite 14)
07.12.11	8.	Volumenveränderung von Flüssigkeiten (Versuch zur Ausdehnung von drei Flüssigkeiten)	naturwissenschaftliche Sachverhalte in verschiedenen Kontexten erkennen und bewerten (**Bewertung**)	Führen beobachtbare Phänomene im Alltag auf die Längen- bzw. Volumenänderung verschiedener Körper bei Temperaturänderung zurück. (RLP Seite 26)
08.12.11	9.	Anomalie des Wassers I	Mit naturwissenschaftlichen Methoden Erkenntnisse gewinnen (**Erkenntnisgewinnung**)	Untersuchen Phänomene experimentell und begründen sie mit der Wechselwirkung zwischen den Teilchen (RLP Seite 26)
14.12.11	10.	Anomalie des Wassers II	Mit naturwissenschaftlichen Kenntnissen umgehen (**Fachwissen**), naturwissenschaftliche Sachverhalte in verschiedenen Kontexten erkennen und bewerten (**Bewertung**)	Führen beobachtbare Phänomene im Alltag auf die Längen- bzw. Volumenänderung verschiedener Körper bei Temperaturänderung zurück. (RLP Seite 26)
15.12.11	11.	Zusammenführung der bisherigen Erkenntnisse über die Volumenveränderung von festen - und flüssigen Körpern	Informationen sach- und fachbezogen erschließen und austauschen (**Kommunikation**)	Erläutern grundlegende Stoffeigenschaften und begründen deren Bedeutung in alltäglichen Situationen. (RLP Seite 14)
20.12.11	12.	**Volumenveränderung von Gasen (am Beispiel: Luft)**	**Mit naturwissenschaftlichen Methoden Erkenntnisse gewinnen (Erkenntnisgewinnung)**	**Deuten physikalische Größen mit der Teilchenvorstellung und wenden das Teilchenmodell zur Erklärung der Volumenänderung von gasförmigen Körpern bei Temperaturänderung an. (RLP Seite 26)**

21.12.11	13.	Volumenveränderung von Gasen (Auswertungsstunde und Alltagserfahrungen)	mit naturwissenschaftlichen Kenntnissen umgehen (**Fachwissen**), naturwissenschaftliche Sachverhalte in verschiedenen Kontexten erkennen und bewerten (**Bewertung**)	Wenden das Teilchenmodell zur Erklärung der Volumenänderung von Körpern bei Temperaturänderung an. (RLP Seite 26)
22.12.11	14.	Test	-	-
-	-	*Weihnachtsferien (23.12.11 – 03.01.12)*		

weiterführende Themenfelder: **Wärme im Alltag, Energie ist immer dabei (P3 7/8):** Wärme im Alltag und Wärmequellen, Eigenschaften der Körper (Temperatur, Energie), Wärmeübertragung und -transport, Wärmeleitung, Wärmeströmung, Wärmestrahlung.

2. Kompetenzen und Standards

Standards des Rahmenlehrplans	Stand der Kompetenzentwicklung	Angestrebte Standards der Kompetenzentwicklung in der Stunde
Prozessbezogene Standards	**Prozessbezogene Standards**	
Erkenntnisgewinnung: Die SuS beobachten und beschreiben Phänomene, formulieren Fragestellungen und stellen Hypothesen auf. […] Sie wenden dabei fachspezifische und allgemeine naturwissenschaftliche Arbeitstechniken an (u.a. Experimentieren). **(RLP Seite 10)**	Sie können naturwissenschaftliche Vermutungen, Beobachtungen und Fragestellungen zu physikalischen Phänomenen aufstellen. Die SuS führen schülerbezogene Experimente innerhalb der Partner- und Gruppenarbeiten durch und können ihre Ergebnisse vor der Klasse präsentieren.	Die SuS untersuchen Phänomene experimentell und beschreiben, dass sich Luft bei Erwärmung ausdehnt und bei Abkühlung zusammenzieht. Sie wenden das Teilchenmodell zur Erklärung der Volumenveränderung von Luft bei Temperaturänderung an.
Inhaltsbezogene Standards	**Inhaltsbezogene Standards**	
Basiskonzept Materie: Die SuS deuten physikalische Größen mit der Teilchenvorstellung und wenden das Teilchenmodell zur Erklärung der Volumenänderung von Körpern bei Temperaturänderung an. **(RLP Seite 14/ 26)**	Die SuS kennen die Aggregatzustände und können die jeweiligen Übergänge zwischen festen, flüssigen und gasförmigen Körpern beschreiben. Die SuS kennen das Teilchenmodell und interpretieren den Temperaturbegriff mit der Teilchenbewegung. Sie haben bereits erfahren, dass sich feste und flüssige Körper bei Erhöhung der Temperatur unterschiedlich ausdehnen und bei Verringerung der Temperatur zusammenziehen (Volumen- und Längenveränderung).	Legende: SuS = Schülerinnen und Schüler; u.a. = und andere

3. Lernvoraussetzungen

Mein Physikkurs der Klasse 7.23 setzt sich aus 19 Schülern (10 Jungen und 9 Mädchen) zusammen. Ich unterrichte in diesem Kurs seit Beginn des neuen Schulhalbjahres (August 2011/2012). Insgesamt ist der Physikkurs als interessiert und lebhaft zu charakterisieren. Bei vielen Schüler/innen (A, B, C, D, E, F und G) ist ein großes Interesse an dem Fach Physik vorhanden. Durch eine aktive Beteiligung der Scutler/innen im Unterricht wird das Unterrichtsgeschehen vorangetrieben. Zu den physikalischen Phänomenen werden von ihnen stets Alltagsbezüge hergestellt. Bei anderen Schüler/innen (H, I, J, K, L, M, N) ist die Beteiligung am Unterricht überwiegend vorhanden. In Bezug auf die Anwendung naturwissenschaftlicher Denk- und Arbeitsweisen zeigte sich im Unterricht, dass einige Schüler/innen dazu neigen, aufgestellte Vermutungen mit Beobachtungen zu verwechseln (X, Y, Z), sodass die Arbeitsschritte für eine Auswertung eines physikalischen Experiments durcheinander geraten. Es wird deshalb besonderes Augenmerk auf die wiederholte Thematisierung der Schritte beim Experimentieren und die Kontrastierung von Vermutung und Beobachtung gelegt. Die Lerngruppe ist mit der Methode der Stationsarbeit sowie der Partner- und Gruppenarbeit vertraut. Im Physikunterricht wurden bisher mehrere Demonstrations- und Schülerexperimente durchgeführt (z.B. Überlaufmethode, Differenzmethode), sodass die Schüler/innen in ihren naturwissenschaftlichen Handlungskompetenzen verstärkt gefördert wurden und werden. Der Physikunterricht findet in der Woche zwei Mal (jeweils 45 Minuten, Mittwochs und Donnerstags) statt. Am Donnerstag wechseln wir in den Physikraum, um im Unterricht mit dem Smart Board zu arbeiten. Durch dieses ansprechende Medium können die Schüler/innen interaktiv das Tafelbild mitbestimmen. Durch eine computergestützte Visualisierung der Unterrichtsergebnisse, kann die Motivation am Lernen von Physik positiv unterstützt werden.

4. Kompetenzraster

Kriterium/ Standard/ Anforderung	Niveaustufe 1 erfüllt die Anforderungen kaum (- -)	Niveaustufe 2 erfüllt die Anforderungen teilweise (-)	Niveaustufe 3 erfüllt die Anforderungen (o)	Niveaustufe 4 übertrifft die Anforderungen (+)
K1 – Prozess: entwickeln naturwissenschaftliche Vermutungen, Beobachtungen und Fragestellungen zu physikalischen Phänomenen	- ist unsicher beim Aufstellen von Vermutungen und Beobachtungen und kann unpräzise naturwissenschaftliche Fragestellungen formulieren	- kann teilweise Vermutungen und Beobachtungen aufstellen und teilweise naturwissenschaftliche Fragestellungen korrekt formulieren	- kann sicher Vermutungen und Beobachtungen aufstellen und naturwissenschaftliche Fragestellungen formulieren	- kann sehr sicher Vermutungen und Beobachtungen aufstellen und naturwissenschaftliche Fragestellungen formulieren
K2 – Prozess: schülerbezogene Experimente selbstständig durchführen	- kann aus der Aufgabenstellung Informationen für den Aufbau des Schülerexperimentes ablesen	- kann wichtige Informationen aus der Aufgabenstellung entnehmen, das Schülerexperiment aufbauen und unter Hilfestellungen teilweise durchführen	- kann selbstständig der Aufgabenstellung die relevanten Informationen entnehmen und das Experiment eigenständig durchführen	- kann selbständig der Aufgabenstellung die relevanten Informationen entnehmen und das Experiment eigenständig durchführen (ggf. andere Schüler unterstützen / Helferschüler)
K3 – Inhalt: wenden das Teilchenmodell zur Erklärung der Volumenveränderung von Körpern bei Temperaturänderung an	- kann kaum unter Verwendung des Teilchenmodells die Volumenveränderung von Körpern bei Temperaturänderungen erklären	- kann nur teilweise unter Verwendung des Teilchenmodells die Volumenveränderung von Körpern bei Temperaturänderungen erklären	- Kann erklären, dass bei Erwärmung die frei beweglichen Teilchen eine stärkere Bewegung erfahren und bei Abkühlung die Bewegung der Teilchen abnimmt	- Kann sicher erklären, dass bei Erwärmung die frei beweglichen Teilchen eine stärkere Bewegung erfahren und bei Abkühlung die Bewegung der Teilchen abnimmt. Argumentation für die Abstände der Teilchen zueinander
K4 – Inhalt: beschreiben die Volumen- und Längenveränderung bei Temperaturveränderungen von festen und flüssigen Körpern (Alltagsbezüge)	- kann kaum beschreiben, dass sich feste und flüssige Körper unterschiedlich stark ausdehnen und zusammenziehen	- kann nur teilweise beschreiben, dass sich feste und flüssige Körper unterschiedlich stark ausdehnen und zusammenziehen	- kann beschreiben, dass sich feste und flüssige Körper unterschiedlich stark ausdehnen und zusammenziehen	- kann sehr sicher beschreiben, dass sich feste und flüssige Körper unterschiedlich stark ausdehnen und zusammenziehen

4.1. Lernstandsanalyse

Name, (Leistungsniveau)[2]	K1	K2	K3	K4	Name, (Leistungsniveau)	K1	K2	K3	K4
A (*)	-	o	--	o	K (**)	o	o	-	o
B (*)	-	o	-	o	L (**)	o	o	+	o
C (*)	-	-	o	-	M (**)	o	+	-	o
D (**)	o	o	o	o	N (*)	-	o	-	-
E (**)	+	o	+	o	O (**)	o	o	o	o
F (**)	o	o	-	+	P (***)	+	o	+	+
G (*)	-	o	-	-	Q (***)	+	+	+	o
H (**)	o	o	-	o	R (***)	o	+	o	+
I (***)	+	+	o	o	S (***)	+	+	+	+
J (***)	+	+	+	o					

4.2. Individuelle Einschätzung des Leistungsniveaus

Das Leistungsniveau bezieht sich auf den Physikunterricht. Im Absatz 4.1. beziehen sich die dargestellten, abgestuften Leistungsniveaus auf die folgende Tabelle. Die Leistungseinschätzung der Schülerinnen und Schüler erfolgte auf der Basis der bisherigen mündlichen Beteiligung im Unterricht und den schriftlichen Tests. Dabei wurden die Umsetzungen und Einhaltungen der naturwissenschaftlichen Denk- und Arbeitsweisen der Physik im besonderen Maße berücksichtigt.

---

2 Leistungseinschätzung im Bezug zum Absatz 4.2

*** leistungsstarke Schüler/innen	** mittelstarke Schüler/innen	* leistungsschwache Schüler/innen
Folgt konzentriert dem Unterricht, beteiligt sich stets am Unterrichtsgeschehen und bringt den Unterrichtsablauf aktiv voran. Naturwissenschaftliche Denk- und Arbeitsweisen werden im Unterricht aktiv umgesetzt und berücksichtigt.	Die aktive Beteiligung am Unterricht ist teilweise ausgeprägt. Arbeitsanweisungen werden befolgt und umgesetzt. Naturwissenschaftliche Denk- und Arbeitsweisen werden teilweise im Unterricht umgesetzt und berücksichtigt.	Es bestehen Schwierigkeiten der Beteiligung am Unterricht. Der Unterrichtsablauf wird nur in Ansätzen mitverfolgt. Naturwissenschaftliche Denk- und Arbeitsweisen werden kaum im Unterricht umgesetzt und berücksichtigt.

4.3. Prognostizierte Individuelle Kompetenzentwicklung an drei ausgewählten Beispielen

Name des Schülers: Viktor(***)	Name der Schülerin: Leijla (**)	Name des Schülers: Arvit(*)
Prozess: K1 (+), K2 (+) **Inhalt:** K3 (+), K4 (+)	**Prozess:** K1 (O), K2 (O) **Inhalt:** K3 (+), K4 (O)	**Prozess:** K1 (- -), K2 (-) **Inhalt:** K3 (O), K4 (-)
A wird die Schülerexperimente selbstständig durchführen. Dabei wird er Vermutungen und Beobachtungen aufstellen, beschreiben und wiedergeben. Die Arbeitsweisen und Sicherheitshinweise beim Experimentieren wird er befolgen und Erklärungen formulieren, warum Luft sich bei Erwärmung ausdehnt und bei Abkühlung zusammenzieht. Mit der vorhandenen Teilchenvorstellung wird A sein Wissen auf die physikalischen Phänomene anwenden. Das Teilchenmodell bei gasförmigen Körpern unter Berücksichtigung der Temperaturänderung wird er erklären können.	B wird die Schülerexperimente durchführen. Die Arbeitsanweisungen wird sie beachten und ihre Vermutungen und Beobachtungen aufstellen. Sie wird beschreiben, dass sich beim „Schülerversuch 3" Luft in der Flasche befindet. Leijla wird durch die Schülerexperimente erkennen, dass sich Luft bei Erwärmung ausdehnt und bei Abkühlung zusammenzieht. Sie wird das Teilchenmodell für gasförmige Körper anwenden und erklären können. Sie kann die Teilchen als Gasteilchen benennen und beschreiben, dass Gase den gesamten Raum ausfüllen, der ihnen zur Verfügung steht. B wird Beispiele aus dem Alltag nennen, die zum Stundenthema passen.	C wird fähig sein die Schülerexperimente durchzuführen und Vermutungen aufzustellen. Die Arbeitsanweisungen wird er befolgen und verstehen. Er wird Unterschiede bei der Volumenausdehnung von Luft beobachten. Dazu wird er Erklärungsansätze formulieren und mit den Ergebnissen der anderen Schüler vergleichen. Das erlernte Wissen aus den vorhergehenden Unterrichtsstunden wird er auf die Phänomene übertragen und wesentliche Unterschiede ableiten können. Die Delle mit dem Tischtennisball wird er in seine Alltagserfahrungen übertragen können.

5. Fachlich-inhaltlicher Schwerpunkt (Didaktische Reduktion)

Der fachlich-inhaltliche Schwerpunkt liegt in der Unterrichtsstunde bei der Erkenntnisgewinnung, dass Luft sich bei Erwärmung ausdehnt und bei Abkühlung zusammenzieht. Eine Verallgemeinerung der Volumenveränderung von Luft und anderen Gasen bei Temperaturveränderung, soll in diesem Fall für die Schüler/innen theoretisch ersichtlich werden. Die **fachlich-inhaltliche Reduktion** zeigt sich bei den Erklärungen durch das Teilchenmodell. Dabei werden Atome (oder auch Moleküle) auf Gasteilchen reduziert, die sich frei im Raum bewegen. Dies ermöglicht den SuS eine Erklärung zu formulieren, indem sie beschreiben, dass durch die Erhöhung der Temperatur die Gasteilchen eine stärkere Bewegung erfahren, wodurch ihre Abstände zueinander vergrößert werden. Bei gleicher Gasteilchenzahl dehnt sich das Volumen des Gases aus. Bei der Verringerung der Temperatur wird die Bewegung der Gasteilchen geringer, sodass deren Abstände zueinander verringert werden. Das Volumen des Gases nimmt dabei ab. Die **Relevanz** der Thematik zeigt sich in den Anwendungsbereichen der Physik. Erhitzte Gase beim Automotor oder die Kraftübertragung der Ausdehnung von Gasen bei Dampfmaschinen sind beispielhaft zu nennen. Ohne das Verständnis über die Volumenveränderung von Gasen wäre die Thermodynamik (Wärmeübertragung, -transport) nur schwer erklärbar. Durch ein alltagsbezogenes Problem „Tischtennisball mit einer Delle – Warum kann ich den Ball durch Erwärmen reparieren?", kann die Relevanz am praktischen Beispiel für die Schüler/innen verdeutlicht werden.

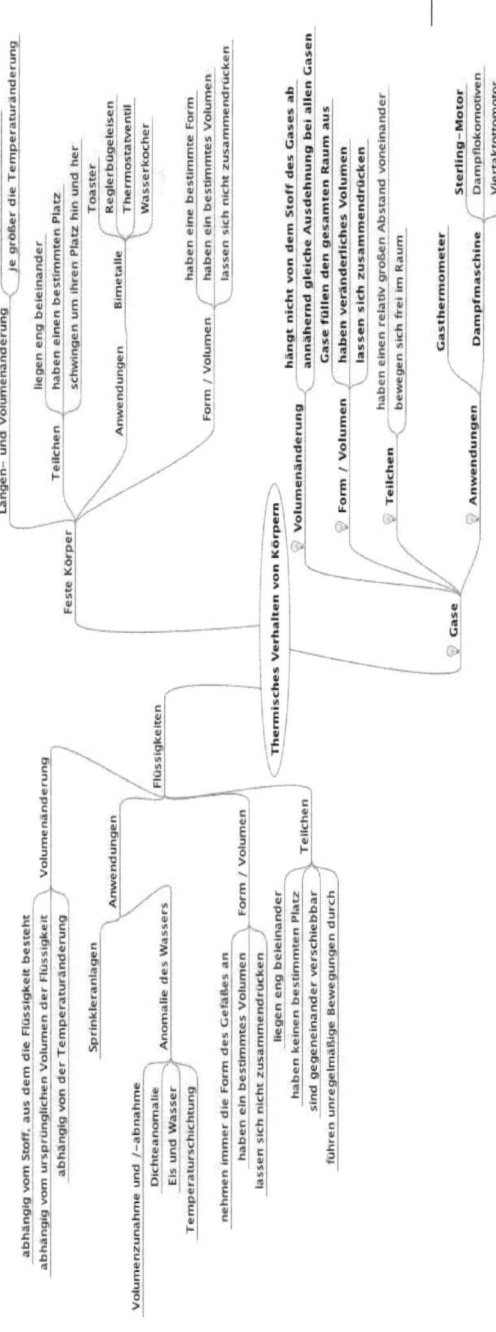

6. Analyse der Aufgabe

Die Aufgabe der Unterrichtsstunde für die SuS liegt im Kern des schülerbezogenen Experimentierens und den damit aufgestellten Vermutungen, Beobachtungen und Fragestellungen in Bezug auf die Volumenveränderung von Gasen (Luft). Auf der Beobachtungsgrundlage werden die Erkenntnisse der vorhergehenden Stunden angewendet und können auf Phänomene der Volumenänderung von Gasen übertragen werden. Die **notwendigen Voraussetzungen** bilden die Kenntnisse über die Aggregatzustände und die damit verbundenen Teilchenvorstellungen von gasförmigen Körpern. Die SuS wissen, dass sich die festen - und die meisten flüssigen Körper unterschiedlich stark bei Erhöhung der Temperatur ausdehnen und bei Verringerung der Temperatur zusammenziehen. Die **zentrale Aufgabe** besteht in dieser Stunde darin, dass die SuS selbstständig die Experimente durchführen, der Klasse vorstellen und ihre Erkenntnisse auf den Eingangsversuch übertragen können.

1. Schülerversuch	2. Schülerversuch	3. Schülerversuch
Gruppentisch mit 6 SuS	Gruppentisch mit 7 SuS	Gruppentisch mit 6 SuS
Aufgabe: Drehe eine Flasche um, so dass sie mit dem Flaschenhals nach unten zum Boden zeigt. Halte nun den Flaschenhals in das Wasserbad, umschließe fest mit beiden Händen die Flasche und warte einige Zeit!	Aufgabe: Ziehe über eine leere Flasche einen Luftballon und stelle die Versuchsanordnung in warmes Wasser.	Aufgabe: Befeuchte die Münze und lege sie auf die Öffnung einer Flasche, sodass diese verschlossen ist! Umschließe nun die Flasche fest mit beiden Händen und warte einige Zeit!
Prozess: Formulieren eine passende Fragestellung, stellen Beobachtungen und Vermutungen auf. Erklären die Erscheinungen mit Hilfe des Teilchenmodells.	Prozess: Formulieren eine passende Fragestellung, stellen Beobachtungen und Vermutungen auf. Erklären die Erscheinungen mit Hilfe des Teilchenmodells.	Prozess: Formulieren eine passende Fragestellung, stellen Beobachtungen und Vermutungen auf. Erklären die Erscheinungen mit Hilfe des Teilchenmodells.
Inhalt: Luft dehnt sich bei Erwärmung aus.	Inhalt: Luft dehnt sich bei Erwärmung aus und zieht sich bei Abkühlung zusammen.	Inhalt: Luft dehnt sich bei Erwärmung aus.

Übersicht der Aufgabe der Stunde durch Phaseneinteilung:

1. Phase, Einstieg - Motivation: Demonstrationsexperiment und Problemstellung (Motivation) und Wecken des Interesses der SuS.

Funktion der Aufgabe bezüglich des Standards: SuS können Vermutungen aufstellen und die Leitfrage für die Unterrichtsstunde formulieren.

Mögliche Schwierigkeiten: Es werden keine Vermutungen genannt.

Mögliche Lösungen: Der Stundenablauf ändert sich nicht. Die Problemstellung am Anfang der Stunde bleibt formuliert und wird am Ende der Stunde nochmals aufgegriffen und beantwortet.

2. Phase, Erarbeitungsphase: schülerbezogenes Experimentieren in Gruppenarbeit (enaktives Handeln) – <u>Durchführung der Experimente</u>

Funktion der Aufgabe bezüglich des Standards: SuS erreichen durch die Schülerexperimente die Erkenntnis über die Volumenveränderung von Gasen (Luft), (Erkenntnisgewinnung/ Kommunikation).

Mögliche Schwierigkeiten: Können die Aufgabenstellung nicht umsetzen und führen den Versuch falsch durch.

Mögliche Lösungen: Durch Gruppenarbeit (jeder in der Gruppe hat einen Partner zum Bearbeiten der Fragestellung). Die Gruppen wurden ausnahmslos leistungsgemischt eingeteilt, so dass eine gegenseitige Unterstützung möglich ist.

3. Phase, Sicherungsphase / Präsentationsphase: schülerbezogenes Experimentieren in Gruppenarbeit (enaktives Handeln) – <u>Präsentationen</u>

Funktion der Aufgaben bezüglich des Standards: SuS erklären die Versuchsanordnung und präsentieren ihre Ergebnisse mit Unterstützung der Mitschüler. Die Erkenntnisgewinnung über die Volumenveränderung von Gasen (Luft) wird gemeinsam zusammengefasst. (Kommunikation)

Mögliche Schwierigkeiten: Einige SuS haben Schwierigkeiten, noch nicht gesichertes Wissen zu präsentieren.

Mögliche Lösungen: Andere Gruppenmitglieder aus der jeweiligen Gruppe kommen nach vorne und präsentieren, die anderen SuS werden durch Nachfragen (z.B. nach Ergänzungen) miteinbezogen.

4. Phase, Festigungsphase: Sicherung der Erkenntnisse durch begründete Erklärungen anhand des Teilchenmodells

Funktion der Aufgabe bezüglich des Standards: SuS erreichen durch gemeinsames Erarbeiten an der Tafel die angestrebte Erkenntnis, das Luft sich bei Erwärmung ausdehnt und bei Abkühlung zusammenzieht.

Mögliche Schwierigkeiten: Eine mögliche Schwierigkeit könnte die Anwendung des Teilchenmodells auf das Phänomen sein.

Mögliche Lösungen: Das Teilchenmodell an der Tafel wiederholen und zusammenfassen lassen.

5. Phase, Abschluss: Beantwortung der Leitfrage zum Anwendungsbeispiel am Anfang der Stunde

Funktion der Aufgabe bezüglich des Standards: SuS wenden ihre Erkenntnisse an und beantworten selbstständig die Leitfrage des Einstiegsexperiments. Verwerfen oder Bestätigen die aufgestellten Vermutungen. Das Experiment wird durchgeführt.

Mögliche Schwierigkeiten: Einige SuS können die Frage nicht beantworten.

Mögliche Lösungen: Mehrere SuS erklären und beantworten die Frage → Einsicht für jeden SuS möglich.

7. Didaktisch – methodische Entscheidungen

Genau so wie bei festen und den meisten flüssigen Körper dehnen sich Gase bei Erhöhung der Temperatur aus und ziehen sich bei Verringerung der Temperatur zusammen. Die Volumenveränderung von Gasen schließt die Thematik zum thermischen Verhalten von Körpern ab. Das Verhalten der gasförmigen Körper wird thematisch nach den festen und flüssigen Körpern behandelt, da sich Gase bei gleicher Temperaturänderung und gleichem Ausgangsvolumen im Vergleich zu festen und flüssigen Körpern am stärksten ausdehnen. Die abstrakte Vorstellung über die Teilchenbewegung und deren temperaturabhängige Bewegung kann daran in aller Deutlichkeit gefestigt werden. Das zuvor erlernte Wissen über das Verhalten von festen und flüssigen Körpern kann auf ein neues Beispiel angewendet werden.

Durch das gestellte alltagsbezogene Problem werden die SuS motiviert eigene Vermutungen aufzustellen, um die Leitfrage für die Stunde zu formulieren. Da am Ende der Stunde nochmal die Leitfrage aufgegriffen wird, soll diese erst dann mit den neuen Erkenntnissen beantwortet werden.

Das Erkenntnisziel ist somit für die SuS über die gesamte Stunde gehalten. Die Gruppentische und die Einteilung erfolgte in der letzten Stunde, um zügig in die Erarbeitungsphase einzusteigen und mögliche Störungen zu vermeiden. Es wurden leistungsheterogene Gruppen gebildet, um den Austausch zwischen leistungsstarken und leistungsschwachen SuS zu gewährleisten. Dadurch wird erreicht, dass jede Gruppe in der Lage ist, durch ihre Beobachtungen die angestrebte Lösung nachzuvollziehen. Es sind drei große Gruppentische aufgebaut, an denen jeweils zu zweit an einem Experiment gearbeitet wird. Somit sind in einer 6er Gruppe jeweils 3 gleiche Experimente aufgebaut. Vorgefertigte Protokolle mit der Aufgabenstellung werden ausgeteilt, um eine einheitliche Durchführung zu gewährleisten. Die SuS kommunizieren in dieser Phase auf naturwissenschaftlicher Ebene miteinander und tauschen sich gegenseitig aus.

Dadurch können die SuS sich gegenseitig überstützten, sodass am Ende der Erarbeitungsphase tragende Ergebnisse für die Gruppe und die Klasse vorliegen. Durch das schülerbezogene Experimentieren handeln die SuS selbstständig, überprüfen ihren Lernfortschritt anhand von Lösungen/ Tippkarten und erzielen durch ihren Lernprozess neue physikalische Erkenntnisse. Daraus folgt, dass die Erkenntnisgewinnung der SuS eigenständig erschlossen wird. Bei der Präsentation der Ergebnisse durch die SuS vor der Klasse wird das Stundenthema gemeinsam Schritt für Schritt erschlossen.

In der Sicherungsphase wird mit eigenen Worten ein Ergebnis zu den Experimenten formuliert. Dabei begründen die SuS mit dem Teilchenmodell und sichern zugleich ihr Wissen über das Verhalten von gasförmigen Körpern.

Die Unterrichtsstunde wird mit der Beantwortung der Leitfrage am Anfang durch die SuS abgeschlossen. Der Unterrichtsablauf wird dadurch in seiner Gesamtheit gebündelt und gefestigt. Durch Anwendungsbeispiele kann die Erkenntnisgewinnung der SuS in der Stunde auf andere Alltagsbezüge übertragen werden.

8. Verlaufsplanung

Phase / Zeit	Lehrerverhalten	Antizipiertes Schülerverhalten	Sozialform	Bemerkungen/ verwendetes Medium
Einstieg 08:50 Uhr– 08:55 Uhr (ca. 5 Minuten)	L: nach der Begrüßung wird die Problemstellung in Form eines Demonstrationsversuchs den SuS dargestellt. L: Die SuS bekommen eine Zeit von 3 Minuten die Beobachtungen, Vermutungen und Fragestellung aufzuschreiben.	S: schauen nach vorne. S: beobachten. S: stellen Beobachtungen, Vermutungen auf und formulieren eine Fragestellung für die Unterrichtsstunde. → Warum hat sich die Form einer Plastikflasche im Wasser verändert? S: Tauschen sich mit dem Banknachbern aus.	Plenum	Smartboard Demonstrationsexperiment
Erarbeitungsphase (Hinführung zum Stundenthema) 08:56 Uhr – 09:10 Uhr (ca. 14 Minuten)	L: Hinführung zum Schülerexperiment L: Hinweis Tipp-/ Lösungskarten L: Aufforderung der SuS zum Schülerexperiment. L: SuS sollen die Materialien benennen. L: fordert jeweils einen SuS aus der Gruppe auf nach vorne zu kommen, um die Materialien abzuholen, mit denen gearbeitet wird. L: erklärt die Vorgehensweise bei der Gruppenarbeit. (3 Gruppen á 6/6/7 SuS) L: Protokolle werden ausgeteilt. L: Sicherheitshinweis: heißes Wasser! Verteilt	S: nennen die Materialien und kommen nach vorne, holen die Materialien (Flasche mit Luftballon, Bechergläser…) S: erhalten Protokolle. S: hören zu, lesen Aufgabe vor und beginnen das Experiment durchzuführen und zu beobachten.	Gruppenarbeit	schülerbezogenes Experiment mit Materialien

	heißes und kaltes Wasser. L: beendet nach 14 Minuten die Arbeitsphase und lässt drei Gruppen ihre Ergebnisse vortragen.	S: bearbeiten das Arbeitsblatt.		
Sicherungs-phase (Stunden-thema) **09:11 Uhr - 09:23 Uhr** (ca. 12 Minuten)	L: Fordert die Experten der Gruppen auf nach vorne zu kommen. L: Schreibt zu jeder Gruppe die Ergebnisse in eine Tabelle an das Smartboard L: S. sollen mit eigenen Worten Ergebnis zusammenfassen und auf das AB aufschreiben. L: Leitet zur Sicherungsphase über.	S: Experten der Gruppen tragen vor und stellen Fragen an die Klasse. S: hören zu (→ um später mit eigenen Worten ein zusammenfassendes Ergebnis aufzuschreiben) S: Fassen Ergebnis zusammen.	Plenum	Demonstration eines Versuchs-ergebnisses Smartboard
Festigungs-phase **09:24 Uhr - 09:29 Uhr** (ca. 5 Minuten)	L: Gemeinsame Erarbeitung mithilfe des Teilchenmodells. L: Verallgemeinerung über weitere Gase (theoretischer Hinweis über Versuchsanordnungen) L: Erkenntnisse auf einem Arbeitsblatt aufschreiben. → Merksatz: Luft dehnt sich bei Erwärmung aus und zieht sich bei Abkühlung zusammen.	S: Beschreiben das Teilchenmodell von gasförmigen Körpern und stellen Erklärungsversuche für die Volumenveränderung von Luft dar. S: Nennen die Begriffe Erwärmung und Abkühlung von Luft. S: Luft dehnt sich bei Erwärmung aus und zieht sich bei Abkühlung zusammen.	Plenum	Smart Board
Abschluss **09:30 Uhr -**	L: fordert die SuS auf, die Stundenfrage von Beginn der Stunde zu beantworten	S: mithilfe ihrer gewonnenen Erkenntnisse beantworten die S. die Stundenfrage und stellen Alltagsbezüge her.	Plenum	Smart Board

09:35 Uhr	L: Versuch wird nochmal durchgeführt.	
(ca. 5 Minuten)	L: Verknüpfung zu Alltagsbezügen.	(Gasthermometer, Dampfmaschine, Delle im Tischtennisball).
	L: Luftmatratze/ Autoreifen im Sommer / Tischtennisball mit Delle	
	L: Zusammenfassung durch SuS	S: fasst die Unterrichtsstunde zusammen.

Puffer: Lückentext, Sterling-Motor

9. Literatur

Meyer/Gau, Duden Physik 7 Na klar, Duden Paetec, Berlin 2011, (Seite 38 39)

Meyer/Schmidt, Duden Physik 7/8, Duden Paetec, Berlin 2006, (Seite 50-51)

Senatsverwaltung für Bildung, Jugend und Sport Berlin, Rahmenlehrplan Sekundarschule I Physik, Berlin 2006.